奇妙图书馆

怪奇人类图鉴

〔日〕岩谷圭介◆文 〔日〕柏原升店◆绘

王宇佳◆译

南海出版公司

2022 · 海口

前言

你了解自己的身体吗？明明每天都与它朝夕相处，却仍对它不太了解。本书就是一本学习人体和生命的入门书。

“想知道生命的奥秘！”

“想了解人体的构造！”

“将来想当一名医生！”

对抱着这样想法的孩子而言，本书能起到启蒙作用。

人体有很多不可思议的秘密。很多深奥、复杂的课题，人类直到今天也没有完全弄清。

也许读了这本书之后，大家就能找到生命在各自心目中的独特意义。

对人体了解越多，你就越会发出这样的感叹：

“这种事怎么可能发生！”

“原来我的身体是这样的！”

“人体有这么多古怪的地方呀？”

来，让我们一起去探索你身体里的那个神秘世界吧！

目录

第1章 大小便里学问大

第2章 我们身体的奥秘

第3章 无处不在的细菌

第4章 我们都是由细胞组成的

第5章 神秘的遗传基因

第6章 关于疾病的冷知识

第7章　人类历史上的怪奇趣闻

第8章　人类与机械的研究

第9章 关于生死的神奇发现

你的怪奇

头发

其实只占体毛的 2% 而已。

手

比小便还脏。

骨头

主要成分不是钙质。

DNA

跟香蕉大致相同。

皮肤

其实是“死”的。

“鸡皮疙瘩”

没有任何意义！

小小的朋友们

除此之外，人体还有

身体

大脑

褶皱多也不意味着聪明。

耳朵

听力每天都在一点点变差！

鼻子

有时会不知不觉地吸入大便颗粒！

脖子

骨头数量跟长颈鹿的颈骨一样多。

身体

其实是由二十个区块组成的。

尾巴

人类原本也有尾巴？

小鸡

救命恩人。

大便

可以制成药物。

很多奇怪之处！

我们每天排出的粪便、

尿液中，

竟然藏有这么多

不可思议的学问！

第1章

大小便里学问大

怪奇指数

闻到臭味时，就意味着大便颗粒已经进入你的体内了

你知道嗅觉的作用机制吗？通过大便的臭味为大家解释一下吧！

大便排出体外后，其中一部分会变成微小的颗粒飘浮在空气中。这些微小的大便颗粒会被人吸入鼻腔，并溶解于鼻黏（nián）膜中。

这时，感知味道的细胞做出反应，接着向大脑传递讯息——“闻到大便的臭味了！”

也就是说，在闻到臭味时，大便颗粒其实已经进入你的身体了。“这也太恶心了吧”，你可能会发出这样的感叹。但这是没办法的事，好好接受现实吧。

知识拓展

黏膜 分布在鼻腔、口腔等处，表面一直处于湿润状态。肠和胃等器官内壁的薄膜也属于黏膜。

人类一生要排出60吨左右的大小便

人类每次排出的大小便其实重量并不多。但如果将一辈子的大小便加起来，重量就非常惊人了——总重量竟然有60吨！

世界总人口已超70亿，那么全人类一生的大小便总重量就是4200亿吨！

如果将这些大小便装进小学的体育馆里，当然完全装不下，它们会顶破房顶，甚至会一直冲到月球上去。

虽然听起来吓人，但其实没关系。因为大便和小便都会分解，变成植物或动物的一部分，以这种方式融入我们所处的世界。经过地球生态系统的净化，它们会重新回到我们的餐桌上，然后再变成大小便。

知识拓展

人每天排出的大便 大约是300克，按九十年来算，总量约为10吨。

人每天排出的小便 大约是1500毫升，按九十年来算，总量约为50吨。

怪奇指数

通过大便可以判断出人的健康状况

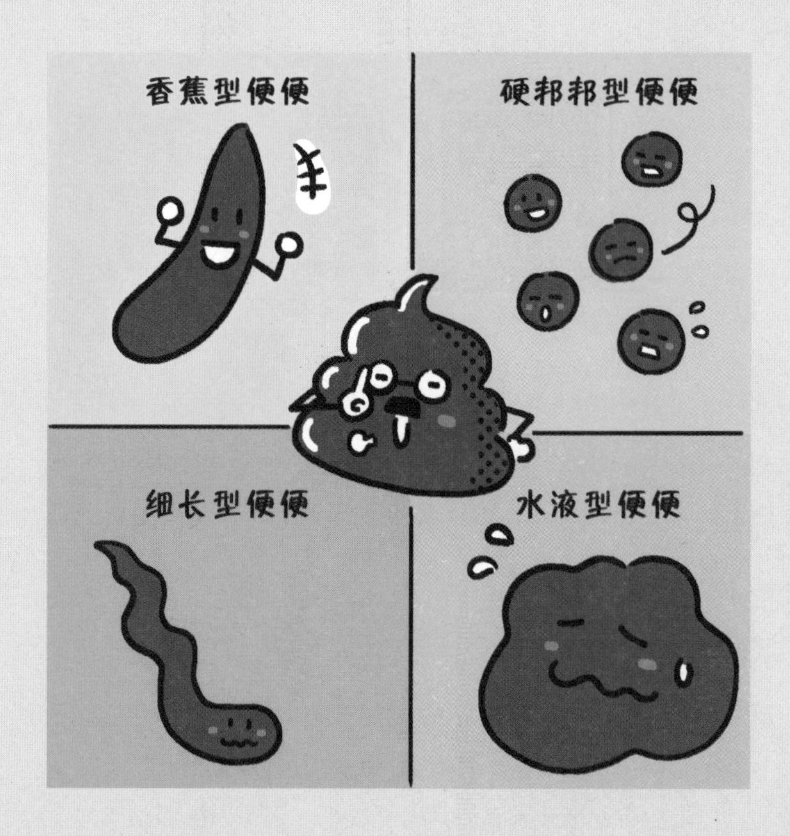

每次上完厕所，你会查看大便的形态吗？如果答案是“不会”的话，建议你今后仔细观察一下。因为大便的形态，会随着你的身体健康状况而产生变化。

大便的形态大致可以分为四类。希望大家从今天开始，试着用它来判断自己身体的健康状况。

①香蕉型便便。

它是最理想的大便状态，表示你的健康状况非常好。一般上完厕所会觉得很畅快！这种便便闻起来有点发酸，没有很大的臭味。

②硬邦邦型便便。

这种便便的质地很硬，排便时非常费力，还可能导致痔疮。它的气味很大，臭得刺鼻。这提示你的健康状态不太好，要注意多摄入水分。

③细长型便便。

这种便便的质地很软，排便后没有畅快感。它的气味也很大，提示你的健康状态不太好。这时你需要调整饮食，保持良好的生活作息。

④水液型便便。

便便呈水液状，常伴随突发便意。提示你的健康状态很不好。如果这种情况持续时间较长，需要尽快就医。

⑤卷卷型便便。

这是经常在漫画里出现的便便类型。它属于细长型便便的一种，这种便便代表的健康状态不太好。

知识拓展

大便的颜色　棕黄色是健康的，黑色比较危险，白色或红色则是非常危险。如果大便出现棕黄色以外的颜色，建议立即就医。

怪奇指数

握手比摸小便更不卫生

握手跟摸小便，哪种行为更不卫生？

答案是握手，而且握手比摸小便脏得多。

小便本身其实挺干净的。刚排出的尿液里基本没有细菌，它的成分跟水差不多，是没有臭味的。我们之所以觉得臭，是因为当尿液排出体外一段时间后，厕所里的细菌会分解小便中的尿素，并散发出气味。

相反，人的手掌上其实带有大量的细菌，所以，每次握手都是一次细菌交换。

因此，交换尿液其实比握手干净得多。不过日常生活中，应该没人会采用这种交流方式吧。

知识拓展

尿素 顾名思义，就是尿液中含有的物质。它本身无色无味，但被细菌分解后就会转化成带臭味的氨（ān）气。我们平时闻到的尿味，其实就是氨气的味道。

大便的主要成分是水

人只要吃饭就一定会大便，所以很多人认为，大便是人体吸收营养后排出的食物残渣。其实，大便里基本没有多少食物残渣。

大便的主要成分是水，水分占大便总量的80%。也就是说，大便基本是由水构成的。

那么，其余的20%是什么呢？其中三分之一是肠道中脱落的黏膜，还有三分之一是肠道内的细菌。最后剩下的部分才是消化后的食物残渣，它只占到大便总量的6.6%。

知识拓展

大便并非一无是处 大便能传达很多信息，比如，体内细菌的生态情况和肠道的状态等。所以，它并不是一无是处的垃圾。

大便能治病救人

医学上有一种名为“粪便移植”的治疗方法。简单来说，就是把处理过的粪便液灌入患者的肠道内。

药物疗法无法治好的痢疾，粪便移植就能治疗。除此之外，它还能治疗其他各种各样的疾病。由此可见，大便也是一味能治病救人的良药。

粪便移植的原理跟肠道的细菌有关。但人体与细菌之间的关系非常复杂。比如，有人移植了肥胖人士的粪便，虽然他（她）的病好了，但身体却开始发胖。像这样类似值得研究的问题比比皆是。

知识拓展

粪便中的肠道细菌 人类每次排便，会排出数十兆个肠道细菌，而且这些细菌大多数都是活着的。健康的人排出的大便菌群非常稳定，不健康的人排出的大便菌群则是紊（wěn）乱的。

在游泳池小便是件很危险的事

大家在游泳池里小便过吗？有的人可能抱着“出去小便好麻烦啊”“反正没人知道”的想法，而这样做过。其实这是一件对人体很不好的事，是非常危险的。

因为，小便中的物质会与游泳池里的消毒剂发生化学反应，产生对人体不利的物质。

这种物质一旦进入眼睛，就会引起眼睛疼痛、红肿。如果你有过这样的体验，一定是有人在游泳池里偷偷小便了。

所以，大家一定要杜绝在游泳池小便的行为！

知识拓展

氯（lǜ）胺（àn） 有害物质。它是泳池消毒成分与小便发生反应后产生的物质。我们有时会闻到游泳池有股特别的味道，这股味道就是氯胺的味道。也就是说，当你闻到“游泳池的味道”时，说明已经有人在里面小便了。

怪奇指数

大便之所以呈棕黄色，是因为有血液的成分

你知道为什么大便是棕黄色的吗？原因是大便里有血液的成分。

当然，大便里并不是直接含有血液，而是含有血液中代谢的物质。

血液中有一种名为血红蛋白的物质，血液颜色发红就是因为有它的存在。血红蛋白的寿命不长，老化的血红蛋白会随着大便一起排出体外。

血红蛋白会在排出的过程中产生变化，变成一种名为胆色素的物质。胆色素就是大便呈棕黄色的主要原因。

如果大便出现棕黄色以外的颜色，需要尽快就医。

知识拓展

血红蛋白 血红蛋白是一个运输“达人”，一般存在于血液中的红细胞里，它主要负责给细胞输送氧气。

大便和小便能制成炸弹

用大便和小便能制作火药，而火药又能被制成炸弹或子弹等武器。日本江户时期就是用这种方法制作火药的。

制作火药时需要的原料是大便、小便和草。将这三者一层层铺进土里，保持一定的温度静置一段时间。土里的细菌会分解大便和小便，形成一种名为土硝（硝酸钾）的物质。土硝与碳、硫黄混合后，就变成了火药。

现在工厂里拥有更科学的方法，可大量生产火药了，上述的方法早就弃之不用了。但是，在科技不发达的时代，能想出这种奇特的制作火药的方法，简直是太不可思议了。

知识拓展

哈伯-博施法 这是在工业规模上批量生产氨的伟大发明，从而实现了肥料（和火药）的批量生产。如果没有这项发明，地球的人口应该只有现在的十分之一吧。

怪奇指数

屁的臭味可以人为改变

我只问一个问题，就能判断出你的屁臭不臭。你平时吃肉多吗？如果答案是肯定的，那你的屁一定很臭。如果答案是否定的，那你的屁基本就没什么臭味。因为，屁的气味是由吃的食物决定的。

爱吃肉的人一般放屁都很臭。经常有人把红薯跟屁联系到一起，但红薯是不会让屁变臭的，它只是让屁变多而已。蔬菜、谷物和水果，都不会让屁变臭。

知道了这个原理，你就能自由改变屁的味道了。人为制造出很臭的屁，应该是一个很有意思的尝试。

知识拓展

臭鼬（yòu） 一种放屁很臭的动物。据说它们放出的屁越臭，就越受异性欢迎。

为什么天冷就会频繁地上厕所

天冷的时候，人会频繁地上厕所，这是有原因的。

我们每天会通过饮水和进食摄入大量的水分。当然人体不能只是摄入水分，也要将多余的水分排出，而人体排水的主要方式就是出汗和小便。

天气热的时候，人体会通过流汗，将多余的水分排出体外。

但天冷时，人体不怎么出汗，水分就只能通过尿液排出体外了。所以，天冷时，人总想上厕所。

而且，温度低，膀胱的肌肉更易收缩，小便就会更频繁。

知识拓展

膀胱 储存小便的脏器，会像气球一样膨胀起来。跟气球一样，膀胱膨胀后膀胱壁会变薄。当人在感知膀胱壁变薄时，就会产生尿意。

怪奇指数

打嗝其实跟放屁差不多

嗝是从嘴里“嗝”的一声打出来的，而屁是从屁股里“噗”的一声放出来的。这两种行为都不怎么雅观，而且它们产生的原理也差不多。

嗝和屁归根结底都是空气。人在吃饭或喝水时，会将空气带入体内。这些空气从嘴里出来就是嗝，从屁股出来就是屁。

那么，为什么嗝没有味道，屁却有臭味呢？这都是因为肠道细菌的作用。细菌分解食物时会释放气体，这些带臭味的气体混进屁里，屁就带上臭味了。

知识拓展

屁的臭味之源 屁的臭味之源是氨和硫化氢等气体。这两种都是有毒气体。此外，屁里还有氢气和甲烷，这两种气体的浓度达到一定程度，点燃就会爆炸。

休息一下

1

手影

人类的手可以做出各种复杂的动作。手影，就是利用这一点演化而来的。

请来猜一猜，右边的手影能投射出什么形状?

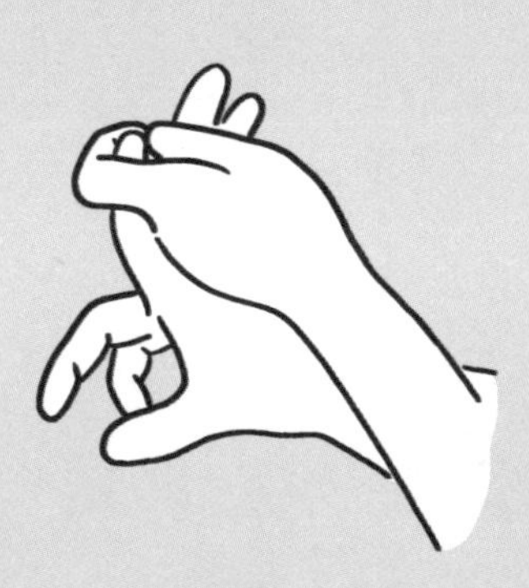

1. 跳舞的人　2. 小兔子　3. 飞鸟

请试着找出答案吧。

你以为你对自己的身体了如指掌，
其实你一无所知。
人体既有趣又科学，
当然还有一点怪异。

第2章

我们身体的奥秘

身体的秘密

你的身体里有个
秘密的“你”在活跃着。

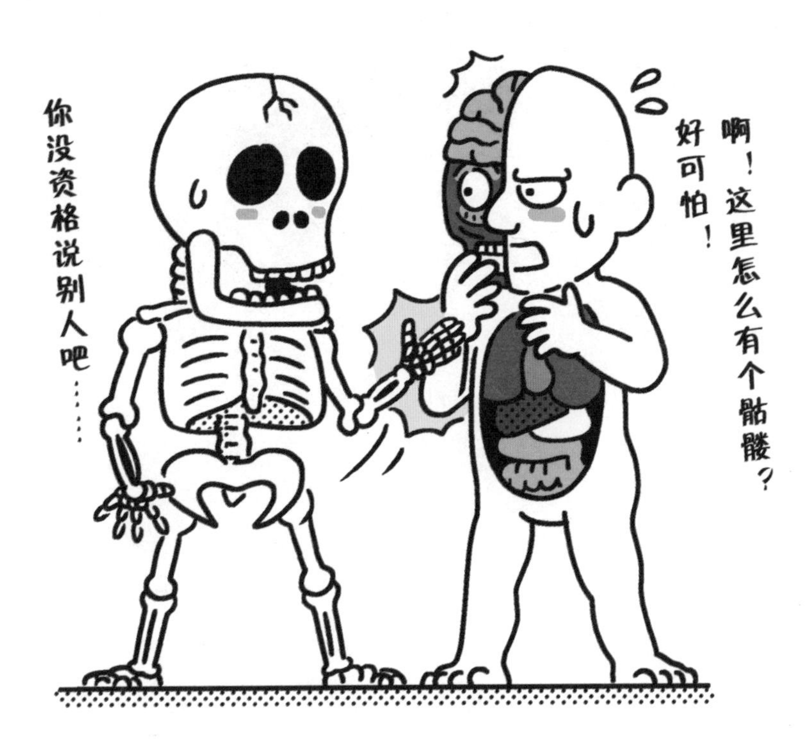
啊！这里怎么有个骷髅？
好可怕！
你没资格说别人吧……

怪奇指数

你的身体基本是由水构成的

人体的70%都是水。蛋白质和脂肪等加起来，也只占30%而已。水分让我们的脸颊富有弹性，眼球保持湿润，手也是软软的。

人体内的水分会随着年龄增长而递减。到了中年，人体内的水分会变成60%～65%，而到了老年，则只剩下50%～55%。但无论怎样，人体内最多的总是水分。

人体内的水分有很多作用。它能输送营养物质，也能维持体温。当环境变热时，人体还能通过出汗来给身体降温。可以说，我们是靠水分才得以生存的。

知识拓展

蒸发 水由液态变成水蒸气的过程，叫作蒸发。水的沸腾要达到100℃才行，但蒸发在0℃以上就能进行。身上的汗变干、水坑里的水消失、洗完的餐具沥干，都是因为蒸发。

人类原来是有尾巴的

“你以前长过尾巴。”听了这句话，你会不会很惊讶？其实不只是你，每个人都曾经长过尾巴。

长尾巴这件事要追溯到胎儿时期。胚胎刚开始发育的两个月，胎儿是长着尾巴的。但在成长的过程中，尾巴会被胎儿吸收，慢慢消失。

现在，我们身体里有名为“尾骨”的骨头，这就是尾巴残留下来的痕迹。

为什么这个尾巴会消失呢？具体原因人类到现在还没弄清楚。

知识拓展

尾骨 位于脊椎最下方的骨头。数量不等，一般是3～5块。

怪奇指数

人类颈椎骨的数量跟长颈鹿的颈椎骨一样多

长颈鹿是世界上脖子最长的动物，一般在两米左右。虽然脖子很长，但长颈鹿颈椎骨的数量其实跟人类的颈椎骨数量一样多。

长颈鹿和人类是从同一个祖先进化来的，因此颈椎骨的数量相同。此外，考拉、大熊猫、老鼠和大象等哺乳动物也都是从同一个祖先进化来的，所以，它们的颈椎骨数量也与人类相同。

其实不只是颈椎骨，人类跟长颈鹿及其他哺乳类动物，在骨骼和脏器的种类、数量和配置上，都有很多共同之处。

知识拓展

病毒进化论 感染病毒后，生物DNA发生突变，从而引起进化的理论。有些学说认为，长颈鹿的脖子就是因为感染病毒而变长的。

“受伤了抹点唾沫”其实是有一定科学道理的

当你受伤或磕破皮时，有人可能会说“抹点唾沫就好了”。这句话听起来不靠谱，但其实有一定的科学道理。

首先，人的唾液中含有天然的镇痛成分。它的作用很强，镇痛效果是普通医用镇痛剂的好几倍，而且不像某些镇痛剂那样易成瘾。

其次，伤口处于湿润状态会更容易愈合，所以动物们经常会舔舐（shì）自己的伤口。现在有一种湿润疗法正在慢慢普及，它的做法就是，通过消毒等手段，让伤口一直保持干净、湿润的状态。由此可见，“受伤了抹点唾沫”确实是有科学道理的。

知识拓展

吗啡 医用镇痛剂。在医疗环境中，是一种治病救人的药，但过量使用还是有一定危险的。

怪奇指数 😆😆😆

人在危急情况下，确实能爆发出超乎寻常的力量

人在危急情况下，有时能爆发出超乎寻常的力量。比如，为了救助被压在车底的家人，女孩竟然能徒手抬起一辆车；遇到火灾时，老奶奶能搬起平时搬不动的衣橱，以便逃生……像这样的事件还有很多。

人在日常状态下，只会使用少部分肌肉。到了真正的紧急时刻，身体的限制装置就会被解除，大脑就能调动起平时用不到的肌肉，从而爆发出惊人的力量。

不过，得到力量也是需要付出代价的，人体有时会因为用力过猛而导致肌肉、骨骼、关节受伤疼痛，甚至骨折。

知识拓展

平时用到的肌肉比重 不同研究者对这个问题持不同看法。有的人认为只用了两三成，有的人则认为用了八成。这个问题目前还是个未解之谜。

再努力学习，大脑上的褶皱也不会增加

不久前，人们还认为，增加大脑的褶皱，能变聪明。

可最近的研究显示，大脑褶皱的数量跟聪明与否毫无关系。大脑褶皱的数量在出生前就已经确定了，是无法靠后天增加的。如果现在还有人声称“通过学习锻炼增加大脑褶皱”，那就太不靠谱了。

那努力学习、锻炼大脑究竟能改变什么呢？它改变的是脑内神经细胞的联系。一个人使用大脑的频率越高，他脑内神经细胞之间的联系就越紧密，整个神经回路传递信息的速度也会随之加快。神经回路传递信息的能力越强，人的大脑也就越发达。

知识拓展

脑沟 大脑褶皱的正式名称。褶皱之间凸起的部分被称为脑回。

怪奇指数 🙂🙂🙂

人的鸡皮疙瘩其实没有任何作用

人在感到寒冷或害怕时，皮肤会像鸡皮一样起一层小疙瘩。起鸡皮疙瘩时，体毛也会随之竖起，堵住皮肤表面的毛孔。

天气寒冷时，体毛能隔绝空气，维持体温。遇到危险而感到害怕时，竖起的体毛会让体形显得更大，起到威慑敌人的作用。

不过，人的体毛实在太少了，只有一些稀疏的汗毛，人体的大部分皮肤都是裸露在外的。所以，无论是感到寒冷还是遭遇危险，起鸡皮疙瘩都没有任何作用。它只是我们从猿猴进化成人类时，残留下来的一项功能。真是太遗憾了。

知识拓展

人类因为体毛稀疏才有丰富的表情 猴子在生气时会竖起体毛，但体毛稀薄的人类却做不到。有人认为，人类就是因为这样才进化出了丰富的表情。

运动前最好不要拉伸

运动前拉伸是很多人都知道的常识。但近年来运动医学领域认为，运动前拉伸只会让肌肉力量下降，并不能起到预防受伤的作用。

肌肉拉伸后就不容易收缩，肌肉力量也会随之下降。在这种状态下用力，反而更容易受伤。所以运动前还是不要拉伸为妙。

不过，也不是所有准备运动都没有好处。在运动前轻轻跳几下，或者稍微跑动一会儿，这种热身运动能够唤醒肌肉，将身体调整至运动状态。

知识拓展

最近才提出的理论 2006年欧洲运动医学会、2010年美国运动医学会相继发表了相关理论，指出运动前拉伸会降低运动能力。看来，常识也是会随着时间改变的。

怪奇指数

很多人都无法消化牛奶

你身边可能有很多人一喝牛奶就拉肚子。这是因为他们无法消化牛奶，就只能借由腹泻的方式将其排出体外。

也许你会说，“不能喝牛奶也太可怜了吧”。但其实大多数日本人都是无法消化牛奶的。

不过，也有一些人喝牛奶不会拉肚子。他们通过长期饮用牛奶，改变了体内的细菌生态环境，所以能够消化牛奶。还有一些人，如果只是少量饮用牛奶，就不会有太大问题。

用牛奶制作的甜点都很好吃，比如蛋糕和冰激凌。好吃不就够了吗？

知识拓展

乳糖不耐症 这种症状就是无法消化、吸收牛奶中的乳糖。在日本，有调查显示，十个人里差不多有八个人患有乳糖不耐症。还有些人小时候可以消化乳糖，但长大后就不能消化了。

如果天气太热，人类就会灭绝

近些年，温室效应在全球引发了热议。对我们人类来说，这是个很严重的问题，因为天气太热可能导致人类灭绝。

计算机在运行时会释放出很多热量，同样，人类的大脑也会释放热量。人类如果处于很热的环境中，大脑的热量无法释放，热量就会不断累积，最后就可能导致人死亡。

举个例子，大家在天热时，经常会觉得脑袋晕乎乎的。其实这并不是错觉，我们的大脑确实很不耐热。

科学发展改变了地球的环境，这将导致我们走向灭绝。不过，科学也是避免灭绝结局的唯一手段。未来究竟会变成什么样，掌握在我们自己手上。

知识拓展

温室效应　它是地球上空气和大海的温度慢慢上升的现象。目前普遍认为这是人类活动导致的。

你的听觉一直在慢慢退化

大家都知道，上了年纪后耳朵就不那么好使了。但其实你的听觉一直在慢慢退化。

先讲一下听觉原理吧。声音其实就是振动，人的耳朵里有能对振动做出反应的细胞。当外界有声音时，这些细胞就会振动。然后振动会转化成电信号传达给大脑。这个时候，我们就能听到声音了。

然而，振动会对这种细胞造成伤害。随着时间的推移，细胞会慢慢劣化，最后彻底死亡，而且无法再生。

也就是说，这些细胞会随着时间流逝不断减少，我们的听力也会变得越来越差。

知识拓展

耳蜗 感受声音的器官，位于耳朵内部，形状像蜗牛一样。耳蜗内部的毛细胞能将振动转化为电信号。

你的味觉也在慢慢退化

看到长辈们津津有味地喝着苦咖啡，小朋友会觉得很不可思议。爷爷奶奶那辈人还会吃味道很怪的菜，如蜂斗菜和各种野菜，这也让他们很难理解。

这是理所当然的，因为孩子味觉的灵敏度是大人的几倍。随着年龄增长，人的味觉会变得越来越迟钝，对苦味和其他怪味的承受能力也会随之增强。

人在长大后，可能会突然喜欢上小时候不爱吃的食物。每个人都会经历这个过程。所以即使小朋友现在有些挑食，也不必过于担心。

知识拓展

辣味 辣味并不是味觉，而是一种痛觉。

怪奇指数

人在倒立时也能吃东西

人在吃东西时，食物会通过食道进入胃部。这是一个自上而下的过程，所以，很多人以为必须保持上身直立，才能吃东西。

但其实人在倒立时也能吃东西。我们之所以有这种不可思议的能力，是因为食道的特殊构造。

吃东西时，食道的肌肉会不断地松弛和收紧，像挤牙膏一样把食物运送到胃里。所以即使倒立，我们也能顺利地咽下食物。

宇航员们能在零重力的空间站正常地吃东西，也是多亏了食道的这个构造。

知识拓展

食道 将食物从嘴运送到胃的通道。

气管 将空气从嘴运送到肺的通道。食道跟气管是相连的，但因为连接处的特殊构造，所以吃东西时，食物不会进入气管。

早上刚起床时的身高是最高的

人在刚起床时身高是最高的，你知道是为什么吗？造成这一现象的根本原因是，地球的重力作用和人类脊椎的构造。

人的脊椎是由很多椎骨连接而成，椎骨与椎骨之间有一种名为髓核的胶体状物质。

起床后，身体的重力会压缩髓核，整个脊椎也就随之变短。所以，一个人晚上的身高是最矮的。

不过，当我们躺下睡觉时，这种压力就会消失，髓核也会慢慢恢复。因此，如果想让自己测出的身高能高一些，最好早上一起床就测。

知识拓展

椎间盘 连接椎骨的软骨结构，由外围的纤维环和中心的髓核组成。

怪奇指数

流泪有利于健康

人在很多场景下都会流泪。比如，眼睛进了灰尘时、切洋葱时、悲伤时、感到疼痛时、悔恨时，还有打哈欠时。虽然都是流泪，但它们的意义是不同的。

眼睛进了灰尘和切洋葱时流泪，是为了保护眼睛。

感到悲伤和疼痛时，则可以通过流泪来减轻心理负担。因为给我们造成压力的物质，会随着眼泪一起排出。

打哈欠时流泪，则是因为脸部扭曲，将眼泪挤了出来。

由此可见，每种眼泪都有自己的意义。所以大家不要忍耐，想哭的时候就大胆地哭出来吧。

知识拓展

眼泪的其他作用 其实眼泪还有很多作用。比如，防止眼球干燥，让眨眼变得更轻松，给眼球表面的细胞输送氧气和营养物质，让眼睛看东西更清晰，以及表达感情等。

头发只占全身毛发的2%

头发是人身体上最显眼的毛发，约有10万根！

你知道头发在全身毛发中所占的比例吗？

答案是2%。人体的毛发总量约为500万根，而头发只占了1/50左右。

那么，毛发中剩下的98%究竟是什么呢？答案是汗毛。仔细观察就会发现，我们身上长满了细小的绒毛，这就是汗毛。但这些汗毛并不显眼，所以你平时不太容易注意到。

值得一提的是，浑身都是毛的黑猩猩，毛发总量跟人类是一样的。

知识拓展

没有体毛的部位 人类只有手掌和脚底光滑无毛，其余部位都长着体毛。

怪奇指数 😆😆😆

盐有毒吗？

盐有毒吗？答案竟然是肯定的。当食盐摄入量超过某个限度时，它竟然也能致人死亡。对，我说的就是汉堡等食物中所含的盐。

到目前为止，已经发生过多起因盐致死的事故。有的人是一次摄入了大量食盐，有的人是误食了工业盐。如果不注意合理食用，盐就会危害健康乃至生命。

也许你会问，盐既然这么危险，为什么不马上停止销售、禁止食用？这是因为盐不仅是调味品，它更是人体维持正常生理活动不可或缺的物质。

也就是说，一切都是量的问题。只要遵循适量原则，就完全没问题了。

知识拓展

水　水是生命之源，但饮水过量的话也会有害，甚至危及生命。现实中就出现过饮水过量致死的案例，因此，大家一定要多加注意。

运动时出的汗是咸的

水蒸发是吸热的过程，出汗就是利用这个特性的典型事例。我们平时会通过出汗来降低体温。

人体中的物质都是珍贵的资源，不能随便浪费。所以出汗时，身体会尽量只排出水分。我们在日常状态下排出的汗，基本都是水，不带咸味。

但在运动时，我们的体温会急速上升，为了维持体温，身体就会大量出汗。这时，像盐分这类对身体很重要的物质，也会一并排出，所以，我们运动时出的汗是咸的。

知识拓展

汽化热 它是水等液体蒸发时吸收的热量。蒸发是一个大量吸热的过程，出汗在维持体温上起到了非常关键的作用。

怪奇指数

肿包和淤青其实是同一种东西

脑袋撞到硬的东西，一般会起一个肿包。如果是腿或胳膊撞到硬物，则会出现淤青。虽然肿包和淤青看起来不一样，但其实它们是同一种东西。

人的身体撞到硬物后，皮肤中的血管会裂开，血液也会随之流出。这些血液的去向，决定了究竟是产生肿包还是淤青。

脑袋的皮肤下是硬硬的骨头，血管中的血液无处可去，就会鼓起来变成肿包。

胳膊和腿这些部位，皮肤下是柔软的组织，血管破裂后，血液慢慢扩散，就会形成淤青。

知识拓展

内出血 流出血管的血液停留在身体内部，这种情况被称为内出血。内出血有时会形成肿包，有时则会形成淤青。

人呼出的白气和云产生的原理是一样的

天冷时，我们待在户外，经常能呼出一团团白气。这些白气看起来很像云彩，其实不只看起来像，它们产生的原理也一样。

我们呼气时会带出水蒸气。水蒸气就是汽化的水，它是无色透明的，我们用肉眼看不见。

水蒸气遇冷后会形成小水滴，这个现象被称为液化。冬天天气很冷，我们呼出的水蒸气马上就会液化，而液化成的小水滴看起来就是白色的。

云是含有水蒸气的空气升到高空后形成的。所谓“高处不胜寒”，高空的温度很低，这些水蒸气遇冷后液化，最后形成我们肉眼可见的云。原来，我们口中呼出白气跟云彩是同一个东西，真有意思呀。

知识拓展

空气越干净就越难形成白气　水蒸气遇冷形成水滴，需要借助空气中的尘埃。所以，越是干净的空气就越难形成白气。

怪奇指数

我们的肤色之所以不同，要归功于地球和太阳

世界上有不同肤色的人种。那么，这种肤色的差别究竟是怎么形成的呢？

其实这一切都要归功于地球和太阳。太阳光中含有紫外线，过量的紫外线对生物有害，而深色的物质能在一定程度上起到抵御紫外线的作用。

由于地球是个球体，不同地区的紫外线照射强度存在差异。比如，赤道附近的紫外线就很强，而北极和南极的紫外线则比较弱。

所以，生活在赤道附近的人，肤色一般比较深，生活在极地附近的人，肤色就比较浅。这种现象在其他生物身上也有体现。

知识拓展

黑色素 它是让肤色加深的物质，有抵御紫外线的作用。

晒黑 当我们接触到很强的紫外线时，身体为了防御会产生大量的黑色素。这就是我们会被晒黑的原因。

穿得越少越容易瘦下来

很多人都觉得减肥是件很难的事，但其实有个简单易行的方法，就是减一件衣服。

只要减一件衣服，身体的热量就更容易流失，热量的消耗也随之增加。虽然身体很不愿意使用脂肪，但寒冷是致命的，所以身体不得不开始消耗脂肪。也就是说，只要穿得薄一些就能提高新陈代谢，从而达到减肥的目的。不过最好不要减太多衣服，否则很容易感冒，要慢慢减衣，让身体逐渐适应。

不过，这种方法会消耗很多能量，很容易让人食欲大增。要注意不能吃太多，否则就会前功尽弃哦。

知识拓展

“穿太少会导致皮下脂肪增加”不科学　脂肪的传热率是普通细胞的一半，可见它的隔热效果也不是很强。无论有没有皮下脂肪，热量都会流失。穿得少了，身体反倒会为了维持生命而增加能量消耗。

怪奇指数

湿着头发睡觉才会弄乱发型

早上起来发现头发一团糟，你一定有过这种经历吧。把睡乱的发型整理好，是件很麻烦的事，不整理又会显得很邋（lā）遢（ta）。那么，为什么睡觉会弄乱发型呢？

很大一部分原因是“湿着头发”睡觉造成的。洗澡时只要注意不弄湿头发，第二天发型就不会太乱。

大家有没有不洗澡就睡觉的经历？这样第二天发型一般是不会乱的。也就是说，只要头发是干的，就不会在睡觉时弄乱发型。因此，若不想弄乱发型，记得在睡前把头发吹干。

知识拓展

氢键 人的发型是由氢键决定的。头发湿了之后，氢键就遭到破坏。头发变干后，氢键又会重新形成，这时头发就定型了。

连续打嗝一百次也不会死

打嗝是由呼吸不畅引起的。

大家应该遇到过打嗝停不下来的窘境，在日本民间还有“打嗝一百次就会死”的传言。其实打嗝的世界吉尼斯纪录是四亿三千多万次，所以上述传言没有科学依据，大家不用担心。

民间治疗打嗝的方法有很多，比如吓对方一下，或是屏住呼吸，但这些方法经常达不到预期的效果。我个人推荐舔砂糖的方法，虽然不知道是什么原理，但对我很有用。大家可以尝试一下。

知识拓展

打嗝的世界吉尼斯纪录 打嗝的世界吉尼斯纪录保持者是美国的查尔斯·奥斯伯。他打嗝的时间持续了六十八年，目前已经去世，享年96岁。

细菌能让人生病，

但有时对人也有帮助，

甚至会成为

我们身体的一部分。

第3章

无处不在的细菌

你的身上
其实布满了
“像妖怪一样的细菌”

细菌是你的“小小朋友”，
还是你身体的一部分？

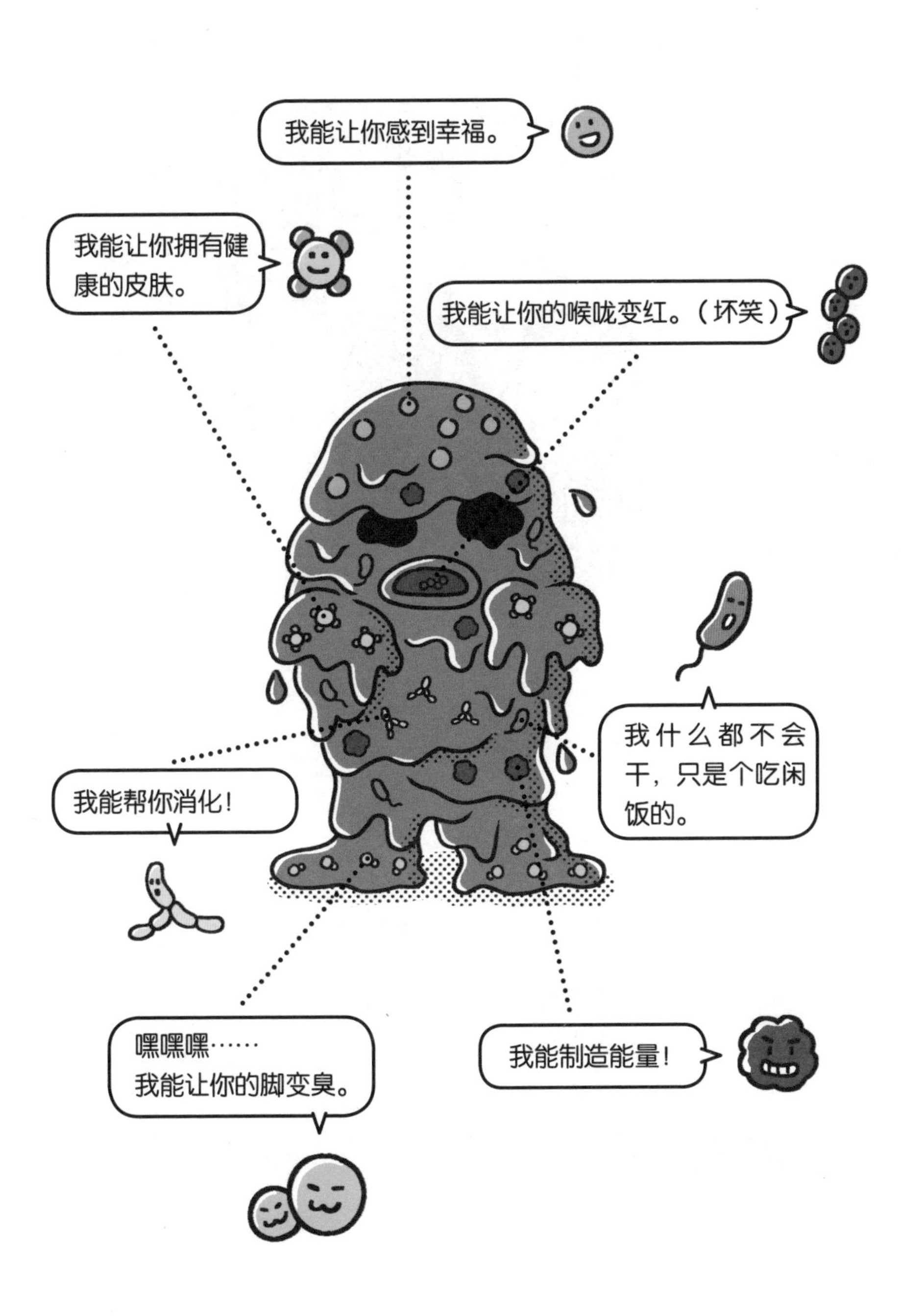

我能让你感到幸福。
我能让你拥有健康的皮肤。
我能让你的喉咙变红。（坏笑）
我什么都不会干，只是个吃闲饭的。
我能帮你消化！
嘿嘿嘿……
我能让你的脚变臭。
我能制造能量！

怪奇指数

接吻一次能传播8000万个细菌

其实人体的内外都布满了细菌。你的身体里有个独特的细菌世界。当然，其他人的身体里也有他们自己的细菌世界。

接吻是人与人之间的接触，也是细菌世界之间的接触。每个人的身体上都拥有大量的细菌，人与人接触后自然会互相传播细菌。接吻一次能传播超过8000万个细菌。也就是说，接吻的双方各拿出至少4000万个细菌，交换到彼此的身体里。

不希望细菌进入自己体内？其实不用太在意这件事，因为你的身体本来就有很多细菌了。

知识拓展

接吻并不是一件坏事 人体内细菌多样性增加，能改善身体的健康状况。从这种观点来看，通过接吻交换细菌并不是一件坏事。

细菌是无处不在的

细菌的英文名是bacteria。我们经常听到的牙菌（斑），其实就是细菌的一种。

细菌是无处不在的。它存在于你的嘴里、身体里和手掌上。换句话说，你认真洗完的手、经常使用的手机和吃进嘴里的食物，都有细菌。

这是一个既定事实，无论你怎么努力，也无法改变。将身边的细菌全部消灭掉，是完全不可能的事。

当然，为了预防疾病，消毒杀菌的工作确实很有必要。但如果单纯因为洁癖而过分重视这件事，是没有任何意义的。

知识拓展

洗手和漱口的意义　既然细菌是无处不在的，那么洗手和漱口又有什么意义呢？当然是有意义的。洗手和漱口能减少进入体内的细菌，从而起到预防疾病的效果。

怪奇指数 😆😆😆😆

细菌也分好坏

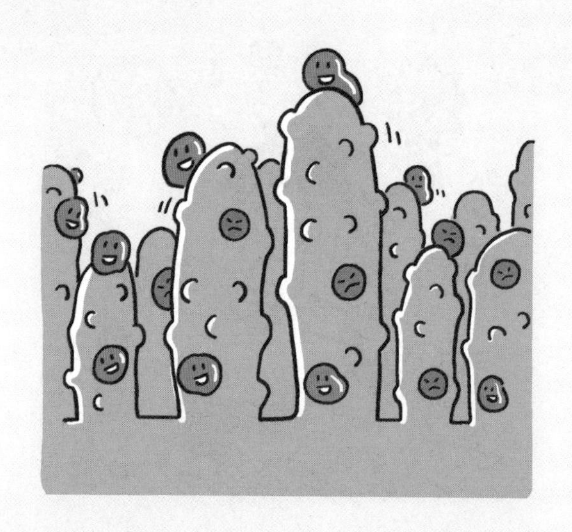

很多人认为细菌都是有害的，但事实并非如此。有些细菌是对人体有益的，还有些细菌只是单纯寄住在人体内。细菌和人类的关系是非常复杂的。

很久以前，我们生物界跟细菌界缔结了一个“协议”。我们为细菌提供安全的住所，细菌则要帮我们做事。

我们体内的细菌数量庞大，它们与人体基本都是共存关系。比如，当我们摄入的营养过多时，细菌会帮助消化，有时还会保护我们的身体。也就是说，细菌与生物之间是互相帮助、互相支持的关系。

知识拓展

益生菌和有害菌 对人体肠道有益的细菌被称为益生菌，反之则被称为有害菌。但最近的研究表明，有害菌有时也会对人体有帮助。由此可见，我们跟细菌的关系是非常复杂的。

我们可能被细菌操控了

人体内含有大量的细菌，很多人觉得“它们只是寄住而已”，但最新的研究显示，细菌可能会控制我们的思想。

举个例子，科学家在用老鼠做实验时，将勇敢的老鼠身上的细菌，跟胆小的老鼠身上的细菌进行对调，结果，它们的性格也跟着改变了。将患有抑郁症的老鼠肠内的细菌转移到其他老鼠身上，其他老鼠最后也患上了抑郁症。这种情况，在人类身上也曾经发生过。

肠内细菌能制造神经传导物质，借此影响宿主的大脑。所以，有时细菌能改变宿主的性格，或是让宿主吃自己最需要的东西。难道我们都被细菌操控了？

知识拓展

人体内细菌的数量 我们身体里大约有500万亿个细菌，而人体细胞的总数约为50万亿个。也就是说，人体细胞的数量比细菌少得多。那么，你的身体究竟是属于谁的？

怪奇指数 😆😆😆😆😆

我们的牙刷其实比马桶里的水还脏

刷完牙后一般会有清爽洁净的感觉，但这只是错觉罢了。因为，使用超过一个月的牙刷，比马桶还要脏一百倍。

刷牙本来是为了清洁，结果却越刷越脏了！但事实就是这样。只要是用过的牙刷，无论怎样清洗，都无法达到除菌的效果。

当然，刷牙是非常好的习惯，一定要保持，稍微偷点懒就容易导致龋齿。此外，牙刷上的细菌也不容小觑，它们很难清除，所以大家一定要定期更换牙刷。

知识拓展

紫外线 属于不可见光。太阳光里也含有紫外线。紫外线有很强的能量，少量的紫外线对生物有一定益处，但过量的紫外线对生物是有害的。人类接触过多的紫外线，会影响身体健康。紫外线能杀死细菌和病毒。所以，经常把牙刷放到阳光下晾晒，就能起到杀菌作用。

可怕的“食人菌”就在我们身边

“食人菌”，光听名字就觉得很可怕。感染它之后，如果病情恶化，皮肤就会溃烂，然后人会痛苦地死去。

这听起来好像是个很遥远的恐怖故事，其实，“食人菌”是非常常见的病原菌，它的正式名称为“A型溶血型链球菌”。

一般情况下，感染“食人菌”是不会死的，最多是喉咙肿痛而已。因为当“食人菌”入侵人体时，我们的免疫系统就会将它解决掉。

但是，当免疫力较低人群感染后，病情可能会加重，甚至导致死亡。

知识拓展

如果不小心感染了“食人菌”　食人菌并不是无法控制的怪物。再怎么说，它也是一种细菌，抗生素对它是有效的。不小心感染后，只要及时就医，按时治疗，是不会有生命危险的。

汗液是无色无味的

大家应该都遇到过身上汗味大的人，那种味道确实让人受不了。但其实，汗液本身是没有臭味的，味道的源头是粘在身体上的细菌。汗水将白T恤染黄，罪魁祸首也是细菌，因为汗液本身是没有颜色的。

如果你手边有除臭剂，可以拿过来看一看。它的成分表中一般会有抗菌或抑菌的物质。也就是说，抑制细菌繁殖，可以有效去除汗臭味。

不过，就算喷再多的除臭剂，也无法消灭所有细菌。我们唯一的选择就是与细菌共存。

知识拓展

小汗腺 人体的排汗部位，遍布全身，从这里排出的汗基本无味。

大汗腺 主要分布在腋下、腹股沟等处。这里排出的汗也没什么味道，但由于细菌有足够的“粮食”，所以容易产生异味。

脚臭的元凶也是细菌

不仅汗臭是由细菌引起的，脚臭的元凶也是细菌。因为脚像其他部位一样，也是会出汗的。

鞋子穿过一段时间后，就会感觉潮潮的。这时如果你拿起鞋子闻一闻，基本都能闻到臭味。

脚变潮是有原因的。相比其他部位，脚上的皮肤很容易出汗。一般情况下，脚一天出的汗能装满一个玻璃杯，所以，当然会有潮乎乎的感觉。

潮乎乎的鞋子和袜子是细菌的天堂，它们会吃着污垢不断繁殖。所以，大家还是赶紧洗洗脚，把这些细菌送上真正的天堂吧。

知识拓展

防止脚臭的方法 要想防止脚臭，一定要抑制细菌的繁殖。大家除了避免长时间穿鞋或选择透气的鞋子，还可以喷除臭剂或烘干鞋子，或者多准备几双鞋交替着穿。

人体是由一个个微小的
细胞组成的。
关于细胞也有很多
有意思的知识，
让我们一起来看看吧。

第4章

我们都是由细胞组成的

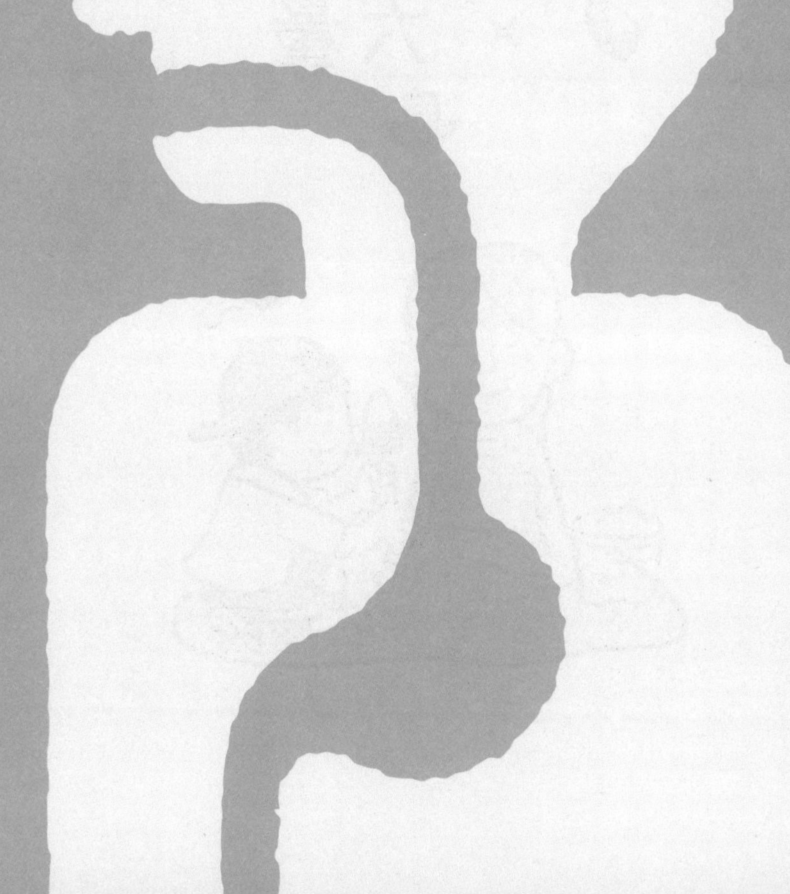

人体由微小细胞构成。

差不多就是
这种感觉。

阅读这篇文章的时间里，你有3亿个细胞死掉了

“你正在死去。”听到这样的话，你一定会反驳“怎么可能”。但实际上，你就是在死去，而且是以非常迅猛的速度。

人每天大约有3000亿个细胞死亡。一天之内，无论你在做多么无关紧要的事，都会有细胞死去。细胞死亡的速度是每分钟2亿个左右。也就是说，你在读这篇文章时，大约有2亿～3亿个细胞死亡。

但是，你完全不用担心。因为细胞的死亡会伴随着新生，有无数细胞在死去，也有无数细胞在新生。可以说，我们是一边死亡一边重生的。

知识拓展

细胞分裂　细胞靠分裂繁殖，一个细胞分裂成两个。但这种繁殖方式不是无限的，一般细胞从新生开始可以分裂五十次左右。据说，细胞分裂五十次大约要花一百二十年的时间。

我们的身体被一层死皮覆盖着

当一个人好不容易跟喜欢的人牵手，一定很激动吧？但接下来的话可能会泼你冷水。因为你接触的，只是对方死去的细胞而已。

人体表面覆盖着一层死亡细胞，我们称之为角质层。它像一件铠甲，保护着我们的身体，使我们免受外物、温度变化、细菌和病毒带来的伤害。也就是说，人体表面的细胞都是死的，活着的只有细菌而已。

虽然我们身上覆盖着一层死皮，但其实没什么实质性的影响。接触时的温暖和心跳加速，并不会因此而减少。互相触碰仍然是一件十分美妙的事。

知识拓展

指甲和头发跟皮肤一样　我们的指甲、头发跟皮肤外层的角质层差不多，主要成分都是死亡的细胞。犀牛的角、鸟的喙和羽毛，还有蜥蜴的鳞片，也具有相同的性质。

怪奇指数

你的身体是由小微粒组成的

人体是由微小的颗粒——细胞组成的。它的数量竟然多达50万亿！细胞由蛋白质这种复杂的化学物质构成，它不会思考，只能不断重复特定的化学反应。换句话说，细胞就是一个由蛋白质构成的机器。

但是这些细胞聚集到一起，就能构成一个活生生的你。你靠自己的意识活着，既可以感知世界，又能想象宇宙世界。甚至能诉说梦想、规划未来。

为什么这些细胞组合到一起，会形成一个有意识的人呢？原因目前还不得而知。

但无论如何，活着是一件很棒的事。

知识拓展

50万亿个细胞 50万亿，这个数字实在太大了，很难让人有具体的概念。如果用米粒填满你的房间，所需的数量大致就是50万亿个。

人体是由20种氨基酸构成的

人体除了水之外，大部分是蛋白质。蛋白质种类繁多，大约有10万种。但不可思议的是，它们都是由20种基本氨基酸构成的。

虽然蛋白质的基本结构单元都是20种氨基酸，但只要稍微改变排列方式，蛋白质的性质就会随之改变。我们身体里的肌肉、骨骼、毛发、神经、酶，还有其他各种器官组织，都是由它们组成的。

这20种氨基酸跟地球上其他生物是共通的。所以，我们能通过食用其他生物，分解成氨基酸，氨基酸再重新组合，最后成为我们身体的一部分。

知识拓展

骨骼 骨骼并不完全是钙质，它的主要成分是由蛋白质组成的活细胞。但如果想让骨骼更结实，就需要补充钙质。

遗传基因是刻在

细胞里的生命设计图。

关于它的秘密，

绝对会让你大吃一惊。

第5章

神秘的遗传基因

我们通过DNA与祖先连接

对自己的祖先，你一无所知，但你们之间的连接却很深。

连接你们的就是DNA。DNA是埋藏在细胞里的小小纽带，它包含了你所有的信息。DNA是一代代传承下来的，从父辈到子辈只会发生一些微小的变化。

地球存在了四十六亿年，已知生命的历史已有三十四亿年，DNA一直以这种方式传承着。你体内的DNA包含着三十四亿年的牵绊，是历史的结晶。

当感到孤单无助时，你可以想想远古时空的祖先们。他们通过DNA跟你连接在一起，所以你一点都不孤单哦。

知识拓展

DNA　中文名为脱氧核糖核酸，是生命的设计图。它位于我们的细胞核内。DNA 是双螺旋结构，展开后长度可达两米。

人类的基因与香蕉的基因，有60%是一样的

如果将人类的基因与香蕉的基因放到一起做对比，相似度会有多高呢？

答案是60%。你会相信吗？我们的基因中只有40%与香蕉不同。人和香蕉看起来毫无相似之处啊。

不过仔细对比基因就会发现，人类跟香蕉还是有很多相似之处的。因为双方都是由细胞构成的，而且细胞内的结构也差不多。

外形越像的东西，遗传基因就越相似。人类跟蛞（kuò）蝓（yú）的基因相似度是70%，跟猫的基因相似度是90%，跟其他人类的基因相似度是99.9%。也就是说，我们与他人在基因上的区别只有0.1%而已。

知识拓展

遗传基因　人类和香蕉的遗传基因是DNA。但是遗传基因≠DNA，一部分病毒的基因是排列比较简单的RNA。

怪奇指数 😆😆😆😆

早上起不来可能是遗传基因的错

有的人喜欢早起，有的人喜欢熬夜。这很可能是遗传基因决定的。

人类的遗传基因里，有一些是跟起居时间挂钩的。所以，早上爱赖床的人，多少会有遗传基因的因素在影响。

早睡早起的人身心会相对健康一些，这跟遗传基因是否有关，目前还尚不明确。也许只是因为睡眠质量好，或是因为时间充裕，做起事来更游刃有余。我们在生活中会受到各种因素的影响，所以很多事情是无法盖棺定论的。

知识拓展

与起居时间相关的遗传基因 跟起居时间挂钩的遗传基因，差不多有 327 个。早起和熬夜的遗传倾向是没有优劣之分的，只是一种倾向而已。

人类的遗传信息大约只有0.75GB

人类的DNA包含的遗传信息大约只有0.75GB，这个容量实在是太少了。到底少到什么程度，基本跟几分钟的视频差不多。

在这看似不起眼的数据里，包含了一个人的脸型、体型、器官等信息。虽然原始数据不是很多，却能制造出人类这种复杂的生物，实在是令人称奇。

有人认为，人一生的命运，都记录在我们的遗传基因里。但这么少的数据，根本无法囊括人的一生。所以，命运还是掌握在自己手里。

知识拓展

手机的容量　手机的容量一般是64～512GB。它能保存的信息是DNA的100倍以上。

怪奇指数

克隆技术无法复制出完全相同的人

用相同基因制造出的个体，被称为克隆体。动画和影视作品中经常出现克隆题材，比如，克隆体取代了本尊，或是用克隆技术大量复制优秀的士兵等。这些情节听起来很刺激，但在现实中却是不可能实现的。

因为克隆技术根本无法复制出跟本体相同的人。克隆体跟本尊就像一对刚出生就分隔两地的双胞胎。而且是在不同时代、不同环境下成长的双胞胎。他们的生活经历不同，当然无法拥有相同的想法和价值观。

其实克隆体跟本体只是外表相似而已。他们拥有不同的人格和人生，是完全不同的两个人。

知识拓展

同卵双胞胎 DNA 几乎完全相同的双胞胎。有的人认为这也是克隆的一种。不过同卵双胞胎的指纹不同，痣的位置也有区别。虽然他们外表看起来很像，却是拥有不同想法的独立个体。

辐射能改变生物基因

听到“辐射”这个词，大家应该会马上联想到可怕的核泄漏或原子弹爆炸吧。实际上，辐射能伤害生物的基因，也能改变生物的基因。

得知这件事后，人类便开始谋划基因改造的事，而且积极地进行了实践。

听到这个，你也许会担心在现实中出现电影里的那种巨大怪兽，但其实人类改造的只是农作物而已。

这是一项古老的技术，早在一百多年前就有人尝试过。虽然我们运用辐射，人工诱发了农作物的变异，但这种变异其实跟自然界本身发生的变异差不多。

知识拓展

辐射　辐射并不是什么特别的东西，它普遍存在于自然界，我们每天都能接触到。少量的辐射对我们没什么影响，只有超过一定量的辐射才会破坏基因和细胞。

怪奇指数

现在的技术已经可以改造基因了

科学的力量真伟大！人类对基因的了解，已经有了飞跃式的发展，甚至能改造基因了。

这项技术被称为CRISPR（clustered regularly interspaced short palindromic repeats）。简单来说，就是一项能创造出在游戏和故事中登场的幻想生物的技术。这项技术也能用于人类的基因改良。不过，它目前还停留在技术层面。

CRISPR实在太厉害了，稍有差池，就可能给地球的生态系统带来毁灭性打击。

不过，如果使用得当，它也能消除疾病，干预物种的进化，让未来的人类变得更优秀。

知识拓展

CRISPR 正式名称是CRISPR-Cas9。它可以切断入侵人体的病毒基因，让生物免受病毒和细菌的侵扰。

人类会用基因制造出超人吗

人类的很多疑难杂症都是遗传性的，这些应该都能用基因改造来治疗。

对人类进行基因改造，你是不是觉得很危险？但治病救人是件理所当然的事，如果基因改造能达到这个目的，那就没有理由不用。

但是，基因改造的范围可能会慢慢扩大，甚至达到我们无法控制的地步。

比如，治好疑难杂症后，人们又会觉得肠胃不好、记忆力差、个子矮等都是缺陷。然后以此为借口，慢慢把人类改造得更聪明、更强壮……

刚开始尝试，人类肯定会非常谨慎，后面就会大胆起来……将来，人类究竟会变成什么样呢？

知识拓展

遗传病 由遗传导致的疾病，很多都是难以治疗的疑难杂症。虽然叫遗传病，却不一定会遗传给子孙，而且不像感冒一样会传染。

休息一下
2

有关人体的趣味实验

我们的身体会无意识地保持平衡。

下面就向大家介绍几个有关人体的趣味实验！

实验一　用一根手指就能让人站不起来

让一个人坐在椅子上，然后用手指按着他的额头，他就站不起来了！

实验二　紧贴墙壁时是无法抬脚的

举起一只手，然后像右图一样紧贴墙壁，这时是无法抬起另一只脚的！

我们人类一直在跟
疾病作斗争。
不过，
人类与疾病之间的关系
也是非常有趣的。

第6章

关于疾病的冷知识

原来真的有“冰激凌头痛”这种病

吃冰激凌时，很容易产生一种头痛欲裂的感觉。这其实是一种病，俗称冰激凌头痛。听起来好像很荒谬吧，这种病在医学上的正式名称是蝶腭神经节神经痛。

如果因此去看医生，你的病历本上写的病名可能就是“冰激凌头痛”。当然，很少有人会因为这个去医院。

吃冰激凌会头痛的原因，目前还尚不可知。其实除了冰激凌头痛，我们还有很多病的病因都没弄清楚。不如说，完全弄清楚的疾病反而是少数。

听到这里，你有没有产生解开人体之谜的欲望？

知识拓展

冰激凌 冰激凌的起源很早，据说最早出现在三千多年前的中国。日本第一次售卖冰激凌大约是在一百五十年前，当时一杯冰激凌的价格大约相当于现在的 500 元人民币。

感冒并不是靠药物治好的

治好感冒的并不是药物，而是我们自身的免疫系统。

免疫系统会跟所有疾病作斗争，它能击退病原体，是一支很强大的精锐部队。

药物是免疫系统的帮手，它能做的充其量只是减少病原体、让病原体丧失活性等辅助性工作。

直接跟疾病作斗争的还是我们的身体。所以大家平时一定要保持健康规律的生活，提高免疫系统机能。

知识拓展

预防比治疗更重要 预防疾病是最重要的。为了防止病原体进入体内，大家平时除了勤洗手、勤漱口，还应接种相关疫苗来增强身体的抵抗力。

人类完全消灭的疾病只有一种

疾病是人类的敌人。有些疾病已存活了上万年，杀死了几亿人。

很多人认为，现代医学已经战胜了疾病，然而事实却不是这样，人类完全消灭的疾病只有一种。

这种疾病的名字叫天花，是一种非常可怕的传染病，患上它的人接近半数会死亡。但幸运的是，我们研制出了天花疫苗，借此消灭了这种病。

现在，世界上有几亿人在忍受着疾病的痛苦。所以我们一定不能轻视疾病，要用科学的利剑，努力将疾病逼到它们应该去的地方——对，就是历史教科书里。

知识拓展

疫苗 预防疾病的医药用品。它作用的原理是将人工减毒、灭活的病原体注入人体内，让免疫系统产生记忆，获得保护，提前做好跟疾病作斗争的准备。

拯救世界的药物，是在偶然间发现的

抗生素是一种改变了世界历史的药物，它拯救了上亿人的生命。如果没有抗生素，很多人可能都已经不在这个世上了。

这种伟大的药物，其实是在一个很偶然的情况下发现的。在一个凌乱的实验室里，有一个放置了很久的培养皿，里面长满了细菌，甚至还长出了霉菌。但是研究者发现了一个奇怪之处——霉菌周围的细菌竟然都死了！于是，他意识到“是霉菌杀死了细菌”，并据此发现了青霉素（一种抗生素）。

拯救世界的药物竟然是偶然间发现的，真是太不可思议了。

知识拓展

青霉素 从青霉菌中发现的抗生素，拯救了很多人的生命，它是一项伟大的发现。

弗莱明 英国的细菌学家，世界上第一个发现抗生素的人。

怪奇指数

我们在治疗疾病的过程中，创造出了更可怕的细菌

人类在治疗疾病的过程中，创造出了更可怕的细菌，那就是耐药菌。耐药菌是进化了的细菌，连抗生素都对它束手无策。

在没有抗生素的时代，一个小小的划伤就可能使人丧命。现在，我们正慢慢倒退回那个时代。

科学家们一直在研制能杀死耐药菌的新药物，但很快又会进化出抵抗这种新药物的新细菌。

耐药菌的致死人数一直在增加，据说到2050年，它的致死数就能超过癌症的致死数。本来是为了治病救人，却因此创造出了更致命的细菌，实在是太讽刺了。

知识拓展

抗生素　为了杀死新生的耐药菌，科学家们研制出了很多种抗生素，但病原菌也会随之进化，现在几乎每种抗生素都有了耐药菌。

小鸡是我们的救命恩人

小鸡长着蓬松的黄色绒毛，看起来非常可爱。虽然外表不怎么起眼，但小鸡其实是我们的救命恩人。到底是怎么回事呢？

原来，大部分疾病的疫苗都是用鸡蛋制成的。科学家们会让受精卵（也就是即将成为小鸡的鸡蛋）感染病毒，病毒在鸡蛋里繁殖后，再加工一下就能做成疫苗了。

一般一个鸡蛋只能做出半份或一份疫苗。所以仅在日本，每天就要消耗几千至几百万个鸡蛋。

用来制作疫苗的鸡蛋是无法孵化出小鸡的。也就是说，我们的健康生活，是用上百亿只小鸡的生命换来的。

知识拓展

用鸡蛋制作疫苗的原因 制作疫苗需要大量的病毒。最好的方法是让某种生物感染病毒，使病毒大量繁殖。而鸡蛋是最容易入手的，所以它就被用来制作疫苗了。

怪奇指数 😆😆😆

毁灭美洲土著文明的并不是长枪和大炮

五百多年前，欧洲人发现了美洲大陆。在利益的驱使下，欧洲人征服了原住民，美洲的土著文明也随之瓦解。

欧洲人一直以为，原住民是被他们用先进的文明和枪炮征服的，但这未免太自负了。

其实真正的“凶手”是疾病。欧洲人入侵后，给原住民带来了新的疾病。据说，当时的原住民，十个人中有九个人都死于疾病。疾病肆虐后，原住民的社会也随之崩溃，失去了抵抗能力，最终导致了整个文明的土崩瓦解。

知识拓展

大航海时代 它是欧洲各国通过探险和航海向海外发展的时代。这个时代为之后欧洲统治世界提供了契机。

“体温超过42℃就会死亡”的说法是不准确的

体温计的刻度一般只到42℃，据说是因为“体温超过42℃就会死亡”。其实这个说法是不准确的，我们就算烧到42℃也不会立刻死去。

体温计的刻度之所以只到42℃，是因为如果体温超过42℃就无法测量出准确数值了。这不是体温计的问题，是我们身体的问题。

发烧到一定程度，即使用正规的体温计，测出的数值也会来回变化。所以，我们才将体温计的最大值设置为42℃。

不过，烧到42℃确实是有性命之危的。遇到这种情况，一定要赶快到医院就医。

知识拓展

发烧的原因 人在感冒时，身体会特意让体温上升。因为温度升高后，病原体不容易繁殖，免疫系统也会更加活跃。这时身体与疾病战斗，就会处于有利地位。

持续了几十亿年，每天伤亡几十万亿的大屠杀

你知道地球上最强大的杀戮者是谁吗？地球上最强大的杀戮者是噬菌体，地球上的大部分死亡都是噬菌体造成的。

噬菌体每天要进行几十万亿的大屠杀，而且这种行为已经持续了几十亿年。

这个可怕的杀戮者究竟在哪里？它无处不在，甚至连你的脸上、嘴里、肚子里都有。

听起来好像很恐怖，但大家不用担心。因为噬菌体的杀戮对象只是细菌，它对人体是完全无害的。

知识拓展

噬菌体　噬菌体是一种病毒，它能够吞噬细菌。噬菌体是由二十面体的头部、尾鞘和尾丝组成的。

噬菌体能拯救人类吗

现在人类面临着一个很大的危机。在不久的将来，我们可能会因为一点划伤或感冒而丧命。造成这种局面的元凶，就是人类医学技术制造出来的耐药菌。

针对这个难题，科学家们最关注的就是噬菌体。噬菌体是细菌的天敌，它甚至能战胜耐药菌。当然，为了存活，细菌会不断进化，但噬菌体比细菌进化得更快，所以，细菌最终还是会沦为噬菌体的食物。而且噬菌体对人类是无害的，可以放心地让它进入我们体内。也许，将来噬菌体会成为人类的救世主。

知识拓展

使用噬菌体的治疗法 人类利用噬菌体的治疗，目前还处于实验阶段，但已经有了一定的成果。这种方法，也许能治疗一些让我们束手无策的不治之症。

龋齿细菌也喜欢甜食

看牙医是件很恐怖的事，但龋齿不会自行恢复，所以，如果你有了龋齿，就只能认命地让钻头在自己嘴里走一遭了。

龋齿产生的原因是嘴里的龋齿细菌，而龋齿细菌的食物是甜食。也就是说，它跟你一样喜欢甜食。摄入甜食后，这类细菌就开始腐蚀牙齿，慢慢地就会形成龋齿。

经常刷牙，保持口腔清洁，能够抑制龋齿菌的繁殖，但却无法完全消灭它。

所以，没办法，我们只能用牙医的钻头来警告自己，让自己勤刷牙了。

知识拓展

牙釉（yòu）质 牙齿最外层的白色部分，是人体中最坚硬的物质。但如果有大量细菌聚集在牙齿表面，就会破坏牙釉质，形成龋齿。

吃巧克力能预防龋齿吗

巧克力的原料是可可豆，过去可可豆曾被当成一种药材，有预防龋齿的效果。

但是，巧克力吃多了还是会龋齿。这是因为巧克力中添加了很多砂糖——龋齿细菌最喜欢的东西。巧克力吃多了，可可的作用会被砂糖抵消，就起不到预防龋齿的效果了。

不过，很多人会在情人节送巧克力。在这一天，巧克力有着让人着迷的魅力。看来，巧克力即便不能预防龋齿，但还是能派上其他用场。

知识拓展

情人节 西方传统节日之一。这一天，人们会向恋人和亲密的人赠送鲜花、贺卡等礼物。

只有人类会有龋齿吗

我们人类每天都要刷牙，但却没人见过野生动物随身携带牙刷。为什么只有人类会刷牙呢？

这是因为在自然环境下，野生动物一般是不会有龋齿的。龋齿产生的根本原因是甜食，而自然界中很少有这类食物。龋齿细菌没有充足的食物，当然繁殖不起来了。

人类很喜欢吃甜食，龋齿细菌也就有了食物来源，所以我们很容易有龋齿。也就是说，龋齿是我们为吃甜食付出的代价。

虽然甜食是导致龋齿的元凶，但还是让人欲罢不能啊。

知识拓展

野生动物也有龋齿　龋齿细菌会在野生动物牙齿受伤时乘虚而入，不过这种情况比较少见。长了龋齿的野生动物无法正常进食，通常会早早死亡。

休息一下
3

错觉

我们的眼睛和大脑经常受到蒙骗。比如下面这幅画，画里的线条明明是笔直的，看上去却有些倾斜。

其实不只是图形，文字也会产生类似的错觉。

大家可以用尺子比一下，看下面的字是笔直的，还是倾斜的。

十一月同学会十一月同学会十一月同学会
十一月同学会十一月同学会十一月同学会

会学同月一十会学同月一十会学同月一十
会学同月一十会学同月一十会学同月一十

十一月同学会十一月同学会十一月同学会
十一月同学会十一月同学会十一月同学会

会学同月一十会学同月一十会学同月一十
会学同月一十会学同月一十会学同月一十

让我们一起追溯
人类的起源吧。
从现代角度看，
历史上有很多让人
啧啧称奇的趣事。

第7章

人类历史上的怪奇趣闻

现在的生活是理所当然的？

其实人类历史上99.99%
的生活都不像现在这样哦。

怪奇指数

人类的进化只是地球的心血来潮而已

人类的祖先是一群生活在非洲森林里的古猿。森林里条件适宜、食物充足，古猿们每天在树上怡然自得地生活着。

但是，大约500万～600万年前，地球发生了一个变故：原本分隔开的南北美大陆开始漂移，最后合并到了一起。

这种地壳运动导致洋流停止，世界气候也发生了剧烈变化。人类祖先栖息的非洲变得又冷又干燥，森林的树木开始慢慢枯萎，取而代之的是广阔无垠的草原。失去了富饶的生活环境，很多生活在森林里的生物都灭绝了，我们的祖先也失去了容身之所。

那些悠闲的古猿不得不从树上下来，在陌生的陆地环境开始新的生活。在这个过程中，他们被外敌追赶，所幸使用工具巧妙地脱离了险境。适者生存，不适者淘汰，只有生存能力强的人存活了下来。他们开始在各地繁衍生息，后来慢慢形成了现代的人类文明。

如果没有当初那次地壳运动，人类的祖先就不用从树上下来，也就不需要进化。也许我们到现在，还是一群无忧无虑的猿猴。人类之所以进化成今天这个模样，都是因为地球的这个心血来潮的小恶作剧。

知识拓展

现在的猴子并不是人类的祖先　动物园里的猴子并不是人类的祖先。它们本来跟人类有共同的祖先，但后来在进化过程中，跟人类分化开了。

怪奇指数

除了我们，地球上也曾出现过其他人类

先驱人　直立人　匠人

海德堡人　能人　弗洛勒斯人

你不会以为地球上只有我们一种人类吧？其实，在人类历史的大部分时间里，我们都是跟其他人类共存的。

距今二十万年前，我们的祖先从树上下来，进化成了人类。那个时候，世界上除了我们的祖先，还有其他六种人类。到了一万年前其他人类才消失，只留下我们的祖先。也就是说，我们跟其他人类共存了十九万年之久。

其余六种人类为什么会灭绝？是因为争夺食物，还是互相杀戮，又或者是最优秀的人种存活了下来，到目前为止还是个谜。

知识拓展

其他人类物种　虽然他们已经灭绝了，但人类的 DNA 中有一部分是他们的，所以，我们的祖先应该跟他们有混血的经历。

语言使人类有了飞跃式的进步

DNA是一种由父辈向子辈传承生命智慧的手段。生物用这种方法，在数亿年的时间里，不断繁衍、进化。

除了DNA，人类又创造出了另一种传承手段，那就是语言。语言的力量很强大，它能在短时间内向很多人传递信息。语言转换成文字后，甚至能穿越时空，将信息传达给后人。正是语言，让我们能不断地对知识进行积累、改良。

语言还能团结人心，它让我们的祖先开始集体狩猎，并在集体生活中孕育、发展出了人类文明。如今，我们的文明已经发展到可以离开地球、探索宇宙了。

知识拓展

为什么只有人类会使用复杂的语言 有很多种猜测，其中一个说法是，人类学会用火后，获得了更多的食物营养，促进了大脑的发育。

如果将人类历史写成书，现代部分只有一行而已

十九世纪末，人类进入现代社会。这段时间听起来很长，但从整个人类历史的角度看，这只是一瞬间而已。

人类的历史非常悠久。从人类诞生到现在已经过了二十万年。如果把人类历史写成一本书，会是什么情况呢？下面我就用这本《怪奇人类图鉴》来打个比方吧。

在这本书中，现代的部分只有一行而已。你是不是觉得很惊讶？

在最初的十九万年间，人类一直过着狩猎的生活。以本书为例，内容差不多到129页。狩猎的生活竟然这么长，你一定会觉得很无聊吧。

写到倒数第三页时，埃及的金字塔才刚刚建成。倒数第二页时开始了公元纪年。写到最后一页的后半部分，大航海时代开始。到了最后一行，人类才进入现代社会。

我们以为现在的生活是理所当然的，一边听着音乐，一边乘坐交通工具；缺了东西，就到超市去采购；无聊了，就在家玩电子游戏。

但对于生活在以前的人来说，这种生活简直不敢想象。

这几十年间，人类的生活发生了翻天覆地的变化，但我们的基因与五万年前相比，却没什么大的变化。所以，人类还是会生病，身体状态还会变差。从这个角度看，我们真是好难啊。

知识拓展

人类文明的开始　世界各地的考古调查中，迄今发现的人类最早遗迹大约是一万两千年前的。也就是说，在人类的历史中，有文明的时间是非常短暂的。

怪奇指数

医学的起源竟然是巫术

小时候，身体不舒服或不小心摔倒了，长辈总会用“疼痛疼痛飞走吧”来安慰你。后来，我们都知道这只是一种小戏法，根本起不了任何作用。但其实人类医学的起源，就是这些看似荒谬的小戏法。

大约一万年前，人类文明开始萌芽。村落渐渐形成，人们开始聚集到一起生活。人口密度的增加，导致病毒和细菌四处蔓延，传染病开始流行起来。

然而，古人并不知道这些病是如何形成的，因为细菌和病毒看不见也摸不着。

当时的人认为，疾病产生的原因是神明降罪于人类。于是，就拜托巫师向神明祈求宽恕。

随着时代的进步，人类获取的知识越来越多，巫医出现，最后医生这项职业也出现了。

也许你认为，巫术能治病这个想法非常愚蠢，但当时的人们想救助家人、孩子的心情，与我们都是一样的。

只是我们对疾病更了解而已。这也多亏了祖先们的努力。

知识拓展

外科医生的起源　外科医生和内科医生的起源是不同的。过去的外科医生主要负责处理伤口，这些都是肉眼可见的，所以不会归结到神明头上。

怪奇指数 😁😁😁😁

最古老的药是酒

俗话说“酒为百药之长”。这句话听起来像是好酒之人为喝酒找的借口，但古人确实把酒当作药来使用。

适量饮酒能增强食欲，也会让大脑变迟钝，最后让人忘掉烦恼变得开心。饮酒也能缓解压力，虽然效果只是暂时的。此外，饮酒还能扩张血管，让血液循环更顺畅。

不过，酒的效果仅限于此。说它是能治百病的万能药，实在是夸大其词。也许是因为遭受病痛折磨的人，想靠饮酒来麻醉自己、减轻痛苦，所以它才被称为“百药之长”吧。

知识拓展

为什么未成年人不能饮酒 小孩子很容易受到酒精的影响。饮酒容易上瘾，对小孩子精神也有一定伤害，同时还会妨碍大脑和身体的发育。所以，未成年是不建议饮酒的。

人不容易减肥是进化的结果

在最初的几万年里，人类一直靠狩猎为生。这时候，食物来源非常不稳定，所以，人类在有食物吃时会尽量多吃，将食物转化为脂肪储存下来。对当时的人类来说，脂肪是关乎生死存亡的重要物质。

我们现在不再因为食物而困扰，也没必要储存太多能量，脂肪渐渐成了多余的东西。于是，减肥的热潮开始兴起。

但是减肥这种行为，跟人类的本能是相悖的。人类已经进化为能抵抗饥饿的体质，即使少吃一些，脂肪也很难消耗，我们的身体反而更倾向于增加脂肪。所以说，减肥困难是人类进化的结果，很难改变。

知识拓展

女性的体脂率比男性高 这是进化的结果，因为女性将来可能会孕育生命和哺乳，所以会储存较多的脂肪。

机械与人类，

听起来似乎没什么联系，

但这两者之间却有很多

相似之处。

下面就给大家介绍一些

跟生命和机械有关的趣闻。

第8章

人类与机械的研究

怪奇指数 😆😆😆😆😆

人类活动的原理跟汽车、飞机等交通工具的原理差不多

人类是通过呼吸和吃饭来获取能量的。从这一点看，其实汽车、飞机也差不多。

我们的身体通过呼吸，让有机物（营养物质）和氧气发生反应，以此获取能量。人体最终排出的物质主要是水和二氧化碳。

交通工具通过燃烧，让有机物（燃料）与氧气发生反应，以此获取能量。它最终排出的物质主要也是水和二氧化碳。

虽然二者所需的有机物的种类不同，但基本结构差不多。人体和机械的区别就在于发生反应的激烈程度不同。我们身体里的反应是缓慢进行的，而机械的反应则非常激烈。

知识拓展

焦耳 功、能量和热的单位，符号 J。

“人脑是超级优秀的计算机”这种话已经过时了

人类的大脑是一台非常优秀的计算机。它竟然能在一秒内完成2000000000000000000次运算。

但是，计算机的发展速度非常快。不久之后，计算机的运算能力就会超越人脑。之后，计算机还会继续迅猛发展，它的运算速度将会快到让人类望尘莫及的程度。

这意味着，地球上智能最高的将不再是人类！不过，大家也不必太担心。毕竟人类是能灵活操控机械的，所以人类与计算机之间究竟谁输谁赢，并不像我们所想的那么简单。

知识拓展

200 京（1 京 =10^{16}）次的计算　人脑的计算能力是每秒 200 京次，但其实我们是无法用这个速度计算的。这个计算能力反应主要用于活动身体、听声音和看东西上。

怪奇指数

DNA也许会成为下一代的U盘

U盘是存储数据的工具。现在科学家们正在研究DNA，想把它研制成下一代的U盘。

其实说到底，DNA就是数据的保存装置。从这个角度看，DNA跟电脑的存储装置差不多，它甚至比这些机器设备的存储功能更加优秀。

首先，DNA不容损坏。猛犸象的尸骸（hái）在地下沉睡了几千年，它的DNA却依然保存完好。DNA存储的数据量很大，只要40克，就能将人类的全部智慧保存下来。

将来，也许科学家们会以生命构造为参考，研究出新的存储工具。

知识拓展

碱基 DNA有四种碱基，分别是A（腺嘌呤）、T（胸腺嘧啶）、C（胞嘧啶）、G（鸟嘌呤），数据就储存在它们的排列方式中。计算机的数据储存在1和0的排列中，所以这两者的存储机制是差不多的。

现代技术已经可以从人脑中读取信息了

被长辈教育时，即使你在想别的，也不会被发觉。因为，你的大脑是一个自由的空间。

不过，利用现代科技已经可以从大脑中读取人的思维和梦境了。虽然目前该技术还处于初级阶段，但这也算是一种意识的读取。

如何读取人的意识呢？其实很简单，就是将意识转化成画面或影像。你的思维、你的秘密、你的幻想，都可以转化成画面。

这项技术再继续发展下去，应该会发生大脑黑客盗取记忆这样的事件吧。

知识拓展

脑波 它是脑内的电信号。科学家们用机器获取这些信号，从而读取人的思维。

人体是靠电流活动的

虽然我们不是机器人，但我们也是靠电流活动的。

就拿大家常玩的传接球来举例吧。看到球飞过来，眼睛就会用电信号向大脑传达信息。然后大脑进行分析后，再用电信号将指令传达给手，让手抬起来接球。接到球后，手又会用电信号来通知大脑。

人类是在这一百年才开始用电通信的。但其实早在几亿年前，生物就开始用电进行细胞间的通信了。

知识拓展

人体电流的衍生应用 医生可以通过人体的电流来诊断我们的身体状况。比如，心电图扫描器的原理就是读取心脏的电信号。大脑的状况也可以通过脑内的电信号（脑波）来判断。

赛博格并不是在科幻电影里才会出现

将身体的一部分，替换成机械的人，被称为赛博格（cyborg，半机械人）。这听起来像科幻作品中的角色，但现实中已经出现了这样的人。

比如，智能假肢，它直接跟神经相连，使用者可以用大脑对它下指令，同时人体也有一定的触觉。还有机械眼，它能使人恢复视力，目前，这项实验已经成功了。

将人类机械化，你可能觉得有点恐怖吧？但失去手臂的人一定想再次用手臂去拥抱心爱的人吧，失明的人也想再看一眼心爱的人吧。利用机械能治愈人的身体和心灵。只要在使用它时多加注意，就没什么危险。

知识拓展

人体与机械的连接 机械和人体都是靠电流活动的，处理好的话，连接和控制应该都没什么问题。

专栏

生命到底体现在哪里，让我们通过机械来思考一下

未来，比人体更优秀的智能假肢和人工脏器应该会陆续诞生。即使不为疾病所迫，人们也可能用它们替换身体的一部分，获取更强的能力。这听起来挺不错。那么，你能接受什么程度的替换呢？

比如，能高速、精准活动的假肢，替换之后，你觉得你还是你自己吧。可一旦尝到甜头，你就会想替换更多的器官，比如腿、眼睛和脏器等。替换过程中，人容易产生攀比心理，因为确实很方便。于是你也许会渐渐陷入其中，变得越来越奇怪。

COLUMN

只留下心脏和大脑，你应该还是你自己吧？或者说，只留下大脑也可以？虽然能正确读取大脑信息，但这具机械的躯壳还能算是你本人吗？

你可能会说服自己，就算都替换了，只要思维是自己的就没问题。即使你周围的人也可能这么想，但那些被切割后，当成垃圾扔掉的肉体，应该会发出无声的叹息吧。身体被替换到这种程度，你还真的是你自己吗？

生命是什么？我们又是什么？现在一定要认真地思考这个问题。否则终有一天，人类会酿成大错。

生存与死亡，

这两者的概念都很模糊。

关于它们，

竟然也有一些奇怪的趣闻！

第9章

关于生死的神奇发现

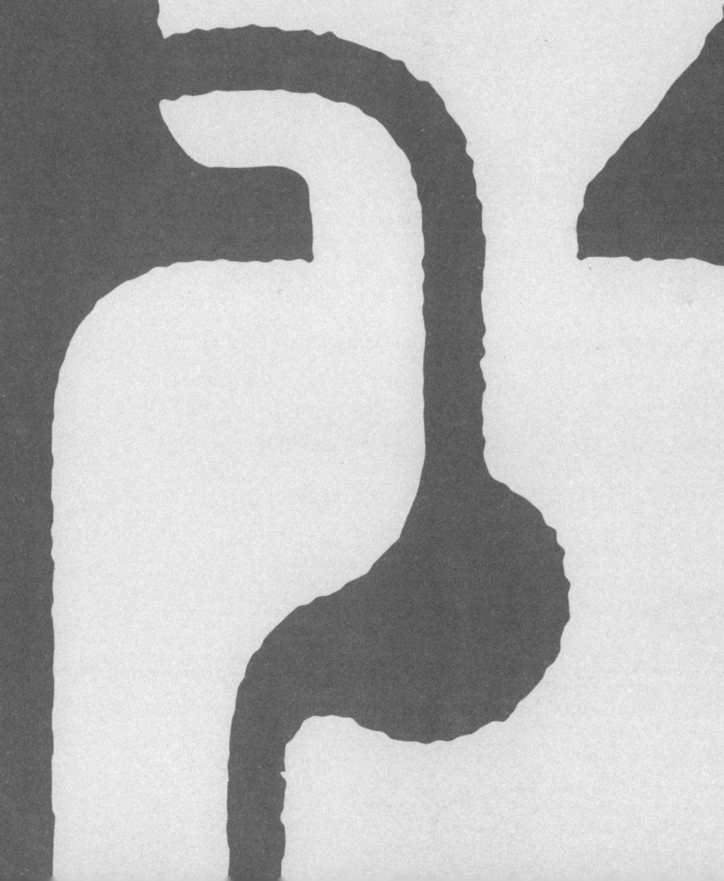

怪奇指数

死亡的定义是很模糊的

每个人都要面对死亡。生与死之间的界限看似明确，但其实是暧昧不清的。

大体来说，能进行死亡判定的只有医生。人的死亡有三种判断标准，分别是呼吸停止、心跳停止、瞳孔无反应，它们被称为死亡三大征兆。但这并没有确切的科学依据，只是根据经验推导而来的。因为到了这种状态，生命基本就无力回天了。

有时出现了死亡三大征兆，但人还是能恢复过来。所以即使医生觉得已经没救了，也要等心肺停止持续一段时间，才能做出死亡判定。

知识拓展

确认死亡 在日本，即使是明确的死亡状态，也要等医生下死亡判定，否则只能用“心肺停止状态”来形容。

人死后，细胞可能还活着

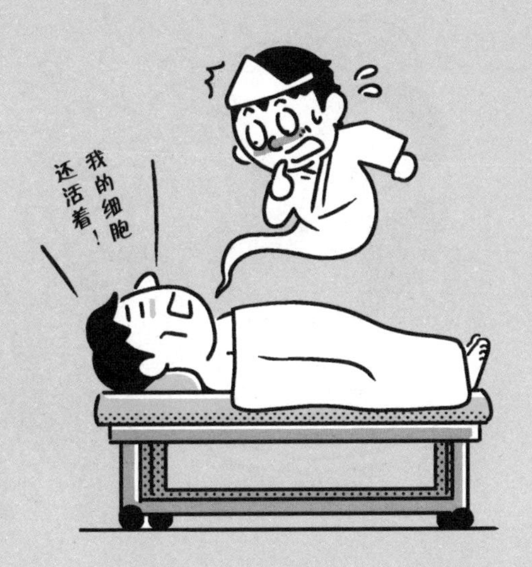

死后僵直是指人死去一段时间后，肌肉变僵硬的现象。不过，死后僵直发生前，细胞还是活着的。

人死后，心脏停止跳动，无法继续向细胞供氧，细胞就无法产生能量。但是细胞内会有一些能量库存，它们能用这些库存再生存一段时间。

死后僵直是人体在库存能量用光后发生的现象。也就是说，直到发生死后僵直为止，肌肉等部位的细胞一直都是活着的。

知识拓展

氧气　在空气中的占比大约是五分之一。它是生命所必需的物质。氧气先被人呼入肺中，然后通过血液被输送到身体各处。

脑细胞　血液一旦停止流动，几分钟后脑细胞就开始死亡。

怪奇指数 😆😆😆

人类寿命的极限是 120 岁吗

人类寿命的极限是多少岁？现在很多人说是120岁，但其实这种说法是没什么根据的。

到目前为止，最长寿的老人的寿命在120岁左右，所以就有人猜测："人类的寿命应该能到120岁吧？"

但是生物是有个体差异的。人的身高有高有矮，耳朵和嘴的大小也有区别。当然寿命也是一样的。即使医学发展再快，也不能保证每个人都能活到120岁。

有些研究者认为"日本人的平均寿命是人类寿命的极限"，但其实也没什么根据。说到底，寿命极限这个问题还是个未知数。

知识拓展

世界上最长寿者的年龄 这个问题其实到现在也没有搞清楚。因为过去的户口登记非常草率，很多人的真实年龄都不准确。历史和传说中有活到 300 岁、400 岁的人，不过这确实是天方夜谭。

比起遗传，寿命更多取决于环境

“我家的人都很短寿啊！”如果你因此而担心，我这里有个好消息要告诉你。

寿命跟遗传的关系不大。最近的研究表明，环境对寿命的影响是遗传的三倍。也就是说，长寿的秘诀其实隐藏在生活方式上。

不过，现实中确实存在长寿家族和短寿家族。这是因为生活方式和习惯会一辈辈往下传。只要时刻保持良好的生活习惯，让自己身心健康，应该就能长寿。

知识拓展

日本人的平均寿命 截至2019年，日本女性的平均寿命是87.45岁，日本男性的平均寿命是81.41岁。

怪奇指数

不结婚会缩短寿命吗

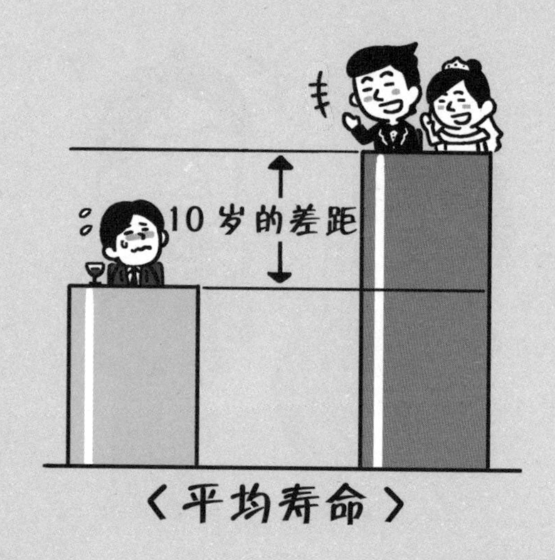

抽烟和喝酒，是会影响身体健康的恶习，它们平均会缩短七年的寿命。而在日本，还有一种损害健康的行为，那就是不结婚。

选择单身，日本女性寿命会缩短四年，日本男性寿命会缩短十年。日本单身男性的死亡率是已婚男性的2.5倍，日本女性则是2倍左右。也就是说，日本未婚者有短寿的倾向。

结婚看似跟健康没太大关系，那它为什么会缩短寿命呢？这可能是因为在日本，单身者不容易关注自己的健康状况，或是病情恶化时无人照料，导致死亡风险变高吧。

知识拓展

健康风险 我们身边有很多会缩短寿命的问题。如，肥胖会缩短3.6年寿命，交通事故会缩短200天，过量饮用咖啡会缩短6天，等等。

五年前的你已经不复存在了

我们身上的细胞和蛋白质是由“原子”这种微粒构成的。

短短一周时间，你的体内就有四分之三的原子会被替换掉。也就是说，一周后，身体里75%的原子将不复存在，它们会被摄入的食物等取代。一年后，98%的原子被替换，五年后你体内所有原子都会被替换。

五年前的你已经消失在自然界，他（她）可能变成早上叽叽喳喳叫的小鸟，也可能变成端上餐桌的秋刀鱼，甚至可能变成你的某个朋友。

我们看似是一个个独立的个体，但其实是跟自然界紧密相连的。

知识拓展

人类的原子数　原子是构成宇宙、地球和所有生命的微粒。人体中的原子数大约是 1000000000000000000000000000 个。

永远“活着”的女性——海瑞塔·拉克斯

给大家讲一位永远“活着”的女性——海瑞塔·拉克斯的故事。海瑞塔·拉克斯患有癌症，她早在1951年就去世了。

她的细胞被采集并用于研究。普通人的细胞一般几天就死亡了，但海瑞塔的细胞却很特别。她的细胞不但没有死亡，反而以很快的速度继续分裂。

海瑞塔的细胞不断增殖，并在多项研究中发挥了作用。直到现在，她的细胞还被用于各项实验，拯救着人们的生命。

可以说，海瑞塔用这种特殊的方式得到了永生。

知识拓展

海拉细胞系　用海瑞塔·拉克斯的癌细胞培养出的细胞系。

生物的寿命为什么不一样，原因到现在还没弄清

每种生物都有一定的寿命，而且不同生物的寿命有很大的区别。

比如人类的平均寿命大约是八十年，猫狗大约是十五年，老鼠大约是两年，而很多花草，一般一年就枯萎了。

有研究者认为，生物的寿命，跟它们心脏一生跳动的次数有关；也有学者认为，寿命的极限取决于细胞分裂的次数；还有人认为，寿命单纯是偶然的结果。然而，这些学说都没有太大的说服力。

我们对于生命，实在是知之甚少。

知识拓展

端粒 它是位于染色体末端的DNA—蛋白质复合体，它跟鞋带的末端一样，能够锁住染色体，防止它解开。每次分裂，端粒的长度都会变短。

人的死亡跟毛绒玩具坏掉的原理差不多

我们小时候很喜欢的毛绒玩具，会随着时间的推移慢慢变旧，最后彻底坏掉。它们无法像人类一样更新细胞，坏掉是理所当然的。

其实，人类的身体跟毛绒玩具也有相似之处。人体有一定的自愈能力，但这种能力会慢慢变弱，这就是我们所说的衰老。

衰老并不是人体本身导致的，也不是生命的定数。只是受到自然界刺激后，细胞和脏器受到的伤害日积月累，身体变得越来越脆弱，皱纹也慢慢增加。这跟毛绒玩具变旧的原理差不多。

知识拓展

衰老不会致死 只有当人体组织劣化，体内重要的器官功能衰竭时，人才会死亡。衰老不会直接致死，但增加了死亡的诱因。

人类冲破寿命极限的日子即将到来

近些年，关于衰老的研究取得了飞跃式的进展。虽然还停留在动物实验阶段，但科学家们在延缓衰老和延长寿命的研究上，已经有了不错的成果。今后，这些技术应该会慢慢地应用到人类身上吧。

也许我们将成为第一批享受到预防衰老恩惠的人类。将来人的寿命会慢慢延长，如果研究进展顺利，未来的人类也许还能返老还童。

不过，这只是有可能而已。将来的研究结果也可能会证明，人类是无法返老还童的。但那个时候，我们对生命的理解也会更加透彻，也应该能攻克很多疾病吧。

那么，你想活到多久呢？

知识拓展

长生不老 一直保持一个样子，不会老去也不会死亡。世界的很多童话故事里都说到了长生不老，很多历史人物也曾追求过长生不老。

后记

近年来，生命科学迅猛发展。

为了揭示生命的不可思议，本书引入了一些专业领域的研究知识，以及最前沿的科学话题。

近些年，医学一直在跟工学进行融合。除医用机器人之外，还出现了植入人体内的机械，可见工学在医学领域的运用越来越广泛。于是，工学专业的我便开始冒昧地撰写有关生命的文章。

我不想只停留在生物学的撰写上，所以，我尽可能地涉及了整个科学领域。

2019年，我撰写本书的时候，人工智能还没有被当作生命进行讨论，于是我规避了AI（Artificial

Intelligence，人工智能）的话题，只谈了在现实中已经实验过的机械融合问题。但在不久的将来，很可能出现跟生命近似的AI。那个时候，我们要如何面对它才好呢？

生命到底是什么？在接受达尔文的进化论之前，我们一直以为，人类是被选中的特别的存在。但随着对科学认识和生命理解的加深，我们越来越意识到，人类并不是特别的，只是其他动物的伙伴而已。所以，我们更要深入思考生命的意义。

当今时代，机械方面发展飞快，甚至慢慢出现了接近生命的机器或程序。我们当然要在新的时代里纳入新的思考。这对于我们现存的生命来说，是一种危机，但也可能是一把钥匙，人类可以用这把钥匙来探索生命真理。

我们生活在一个很有趣的时代。生命是什么，我们又是何人。这些一直困扰人类的问题，也许在这个时代能够得到答案。而找到这个答案的人，可能就是你。

如果本书能成为你探索生命的契机，身为作者的我将感到无比荣幸。

那么各位，有缘再见了。

参考书目

《人体完全指南Newton附刊》(日本Newton Press)

《什么是死亡Newtonlight》(日本Newton Press)

《人体的构造Newtonlight》(日本Newton Press)

《有关药物的科学知识Newton附刊》(日本Newton Press)

《细胞与生命Newton附刊》(日本Newton Press)

《通过阅读打造强健的大脑》,[日]川岛隆太(日本公文出版)

《为什么?怎么回事?世间的不可思议现象》,[日]藤岛昭(日本夏目社)

《为什么?怎么回事?科学的不可思议故事》,日本科学未来馆(日本夏目社)

《你身体的九成是细菌》,[英]阿兰娜·科伦(日本河出书房新社)

《人是由细菌组成的》,[美]罗布·奈特、[美]布伦丹·布勒(日本朝日出版社)

《"感冒"是什么样的疾病》,[日]藤友结实子、[日]藤田直久(日本《京都府立医科大学杂志》122卷收录)

《21世纪少儿百科科学馆》,[日]山田卓三、[日]小暮阳三(日本小学馆)

《不可思议图鉴》,[日]白数哲久(日本小学馆)

《未成年人为什么不能饮酒?》(日本朝日啤酒官网,人与酒的关系)

《牛奶饮用习惯和乳糖不耐症》,[日]塚田三香子(日本畜产情报,2008年6月)

《哈哈哈的故事》,[日]加古里子(日本福音馆书店)

《发型是怎样形成的》,(日本花王官网,护发网站)

《生命是什么　从物理角度看细胞》,[奥地利]薛定谔(日本岩波文库)

《人口动态统计　未婚者的死亡率(2014年)》(日本厚生劳动省)

《从地球上消失的疾病和无法消灭的疾病》,[日]田岛朋子(日本家畜感染症学会志,Vol.2 No.3 2013)

《令人懊恼的理科常识》,日本趣味科学学会(日本青春出版社)

图书在版编目（CIP）数据

怪奇人类图鉴 / (日) 岩谷圭介文 ; (日) 柏原升店绘 ; 王宇佳译. -- 海口 : 南海出版公司, 2022.1
（奇妙图书馆）
ISBN 978-7-5442-6352-8

Ⅰ. ①怪… Ⅱ. ①岩… ②柏… ③王… Ⅲ. ①人类－青少年读物 Ⅳ. ①Q98-49

中国版本图书馆CIP数据核字(2021)第131203号

著作权合同登记号 图字：30-2021-076
BIKKURISHITE OMOSHIROI HENTEKORINNA NINGENZUKAN
Text by Keisuke Iwaya
Illustrated by Kashiwabara Shoten

Original Japanese edition published by KINOBOOKS.
Simplified Chinese translation copyright 2020 by Beijing Book Link Booksellers Co.,Ltd.
This Simplified Chinese edition published by arrangement with KINOBOOKS, Tokyo through HonnoKizuna, Inc., Tokyo, and Beijing Bright Book Link Consulting Co.,Ltd.

本书由日本Kinobooks株式会社授权北京书中缘图书有限公司出品并由南海出版公司在中国范围内独家出版本书中文简体字版本。

QIMIAO TUSHUGUAN・GUAIQI RENLEI TUJIAN
奇妙图书馆・怪奇人类图鉴

策划制作：北京书锦缘咨询有限公司（www.booklink.com.cn）
总 策 划：陈　庆
策　　划：宁月玲

作　　者：〔日〕岩谷圭介
绘　　者：〔日〕柏原升店
译　　者：王宇佳
责任编辑：张　媛
排版设计：柯秀翠
出版发行：南海出版公司 电话：（0898）66568511（出版）（0898）65350227（发行）
社　　址：海南省海口市海秀中路51号星华大厦五楼 邮编：570206
电子信箱：nhpublishing@163.com
经　　销：新华书店
印　　刷：河北文盛印刷有限公司
开　　本：889毫米×1194毫米 1/32
印　　张：4.5
字　　数：104千
版　　次：2022年1月第1版 2022年1月第1次印刷
书　　号：ISBN 978-7-5442-6352-8
定　　价：58.00元